小朋友，冒冒失失的兔子
哈利到底发生了什么事？快跟
我们一起去看看吧……

U0243143

图书在版编目 (CIP) 数据

危险的网上聊天室 / (英) 格里芬著；李小玲译. —深圳：海天出版社，2016.8
　(孩子，小心危险)
　ISBN 978-7-5507-1619-3

　Ⅰ.①危… Ⅱ.①格… ②李… Ⅲ.①安全教育－儿童读物 Ⅳ.①X956-49

中国版本图书馆CIP数据核字(2016)第085662号

版权登记号　图字 :19-2016-094 号

Original title: The Harey Chat Room
Text and illustrations copyright© Hedley Griffin
First published by DangerSpot Books Ltd. in 2014
All rights reserved.

The simplified Chinese translation rights arranged through Rightol Media
（本书中文简体版权经由锐拓传媒取得 Email:copyright@rightol.com）

危险的网上聊天室
WEIXIAN DE WANGSHANG LIAOTIANSHI

出　品　人　聂雄前
责任编辑　涂玉香　张绪华
责任技编　梁立新
封面设计　蒙丹广告

出版发行　海天出版社
地　　址　深圳市彩田南路海天综合大厦(518033)
网　　址　www.htph.com.cn
订购电话　0755-83460202（批发）0755-83460239（邮购）
设计制作　蒙丹广告0755-82027867
印　　刷　深圳市希望印务有限公司
开　　本　787mm×1092mm 1/24
印　　张　1.33
字　　数　37千
版　　次　2016年8月第1版
印　　次　2016年8月第1次
定　　价　19.80元

危险的网上聊天室

[英]哈德利·格里芬◎著   李小玲◎译

海天出版社(中国·深圳)

　　虾猫转过身，看着电脑屏幕问道："哈利，你在做什么呢？"

　　"我在网上聊天室给朋友写信呢！"哈利正沉迷在电脑中，"这真是一个好地方！"

"聊天室是什么？"土豆狗问道。

"对呀，聊天室是什么？"鹦鹉皮洛也很好奇。

"聊天室是一个网站，在那里你可以上网，可以写信给朋友，朋友也可以回信给你。"

　　"哦，我知道了。我有一次去度假，那地方附近就有一个。很大的一个红色的东西，上面还有一个洞。"

　　"不不，土豆狗，你说的那是邮箱，"虾猫补充道，"你有时候真无知！"

　　"太棒了！小羊露西想和我做朋友啦，还要给我写信！"哈利兴奋地叫嚷起来。

"小羊露西是谁啊？她来过家里吗？"土豆狗问道。

"露西是我的新朋友，她想给我写信。"哈利一边激动地说着，一边继续敲字。

　　"哈利，你在干嘛？你不能告诉她你的个人信息，比如生日和住址之类的。"虾猫看着电脑屏幕提醒道。

　　"为什么不能？她是我的朋友，为什么不能说？"哈利反驳道。

"不，你不能！这样很危险！你还不知道这个人是谁呢！"

"不，我知道。她是小羊露西，我的朋友。"

"刚开始的时候，大家用的都是昵称，不是真实姓名。"

哈利不理会虾猫的劝说，继续输入个人信息。

　　"一定要小心！网上的一些人常常伪装成其他人，"虾猫提醒道，"我从不向人泄露个人的详细信息，除非我知道他是谁。"

　　"没问题啊，露西已经约我见面了。到时候我就知道她是谁了。这有什么危险的？"

　　"你一定要让我们知道你去见谁，在哪里见面。"虾猫关切地说，
"最重要的是，你不能独自去见陌生人！快点，别理这个网友了，
一起去花园里玩吧。"

哈利继续沉迷于聊天室，继续输入各种信息。

"哇……太棒了！我们今天下午就可以见面了！她要我一个人去，这样我们就可以一起玩了。"

  哈利非常兴奋，偷偷地溜出房间，以为没人注意他。然后，他一路小跑来到了附近的狼洞公园。

  鹦鹉皮洛看到哈利从房间溜出来，悄悄地跟着他。

　　哈利进入狼洞公园大门，环顾四周，朝着公园的长凳方向奔去。原来他和小羊露西约定的见面地点就是公园长凳那里。

"你好！你一定就是露西了。"哈利奔向前，同小羊露西握手。
露西出人意料地给了他一个强而有力的拥抱。

"很高兴终于见到你了。"哈利羞红了脸。

"你愿意到我家共进晚餐吗？"露西发出邀请。

　　同时，虾猫发现哈利没在家。她有点担心："噢，不！希望他不是去见那个所谓的露西了！"

突然，鹦鹉皮洛惊慌失措地飞了进来："快！快！哈利在公园！哈利在公园！"

朋友们一听，拔腿就冲了出去，直奔狼洞公园寻找哈利。

"他在那儿！"虾猫率先发现了哈利。

"他们是我的朋友。"哈利向小羊露西介绍自己的朋友。

"你们好，很高兴见到你们，亲爱的朋友们！"

　　"你的尾巴好长啊！"虾猫怀疑地望着小羊露西，"对小羊来说，这尾巴也太长了。"

　　"一见到你们，我就兴奋得摇尾巴，它就变得有点不一样了。"露西狡辩道。

"你的牙齿好大啊！好大啊！"鹦鹉皮洛又说。

"那是因为我一直冲你们笑就变成这样了。"

"哇！你的气息，"土豆狗很疑惑，"怎么会和我们狗狗差不多。"

"拥抱你就沾上了你的气息啊。"

　　突然，虾猫冲上前去，一把从露西身上扯下了羊皮，露出了羊皮下狼的真面目。

　　"骗子！冒名顶替！穿着羊皮的狼！"她吼道，"快，报警！叫警察来！"

　　"叫警察！叫警察！"鹦鹉皮洛跟着大叫。

狼一听，飞快地逃跑了。

　　"好险啊，真是死里逃生。露西就是一只披着羊皮的狼。"虾猫唏嘘道，"幸亏发现得早，要不然就真的永远见不到你了。"

"但她只是邀请我去她家吃晚餐。"哈利嘀咕。

"是的,你就是那顿晚餐!"虾猫补充道。

　　"啊！"哈利脸色煞白，一下子明白了。

　　他发誓，再不会一个人出去见陌生人了，以后在聊天室也会更加谨慎小心。

如何帮助孩子安全上网？

互联网有益于学习、分享、交流和创造。因此，家长要学会正确指导孩子安全上网。要了解孩子为什么上网，争取做到无论在网上遇到任何问题，孩子都会向你寻求帮助。

▶ 制定家庭上网规则和权限

明确孩子上网的时间和上网的权限（可以做什么）。

合理有效使用网络监管工具，管理和监督孩子上网。

学习网络安全知识并参与其中。

询问孩子上网做什么，比如，访问什么网站，都谈论些什么。

把上网变成一项家庭活动。

同其他家长交流网络使用规则，比如，允许孩子做什么，禁止他们做什么。

▶ 家长和隐私管控

核查社交媒体和网站的隐私设置。调整家长监控工具，使其适合孩子的年龄与成熟度。确保你随时可以注销网络账号。

▶ 清楚孩子在与谁交谈

告诉孩子，陌生人会随时随地出现在网络上：邮箱、即时消息、社交网站或者在线游戏等。

孩子会认为，即使素未谋面，网络上一起玩游戏的人也都是朋友，因此，要经常同孩子交流其网友的信息，叮嘱孩子不要告诉陌生人住址、电话和在读学校等信息。

和孩子探讨界限，告诉他，你也愿意成为他的网友。

确保孩子已学会如何应对陌生人，告诉他不要向陌生人发送照片尤其是自己、家人、朋友的照片。

向孩子演示如何检举不当行为，如何对网友设限。告诉孩子，在网络上对任何事感到恐慌和不快时，要第一时间告诉你。

把印有"小心危险！"标识的贴纸贴在家中危险的地方，以便提醒孩子注意安全。